CONSURUCTION

ÉCONOMIQUE DES

RUCHES A CADRES

PAR

GEORGES DE LAYENS

LAURÉAT DE L'INSTITUT (Académie des Sciences)
AUTEUR DE *L'Élevage des Abeilles*
MEMBRE HONORAIRE DES SOCIÉTÉS D'APICULTURE DU TARN, DU BASSIN DE LA MEUSE,
DE LA SUISSE ROMANDE
MEMBRE CORRESPONDANT DE LA SOCIÉTÉ *L'Abeille* DE L'AUBE
DES SOCIÉTÉS D'APICULTURE D'AVESNE, DE LA GIRONDE, ETC., ETC.

AVEC 44 GRAVURES DANS LE TEXTE

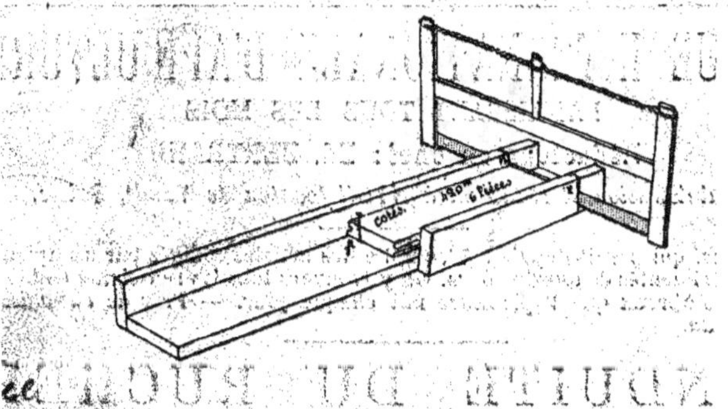

Prix (franco) : 0 fr. 60

NYON (Suisse)

BUREAUX DE LA REVUE INTERNATIONALE D'APICULTURE
ED. BERTRAND, DIRECTEUR

CONSTRUCTION ÉCONOMIQUE

DES

RUCHES A CADRES

Par Georges de LAYENS

I. — Introduction.

La question du bas prix des ruches à cadres est sans contredit d'une importance capitale pour l'extension rapide de l'apiculture moderne.

Si une ruche à vingt grands cadres peut revenir, tout compris, à 11 ou 12 francs au lieu de 22 ou 25 francs, tout le monde y trouvera son avantage, les constructeurs aussi bien que les apiculteurs. Si celui qui sait manier tant soit peu les outils de menuiserie peut établir lui-même une telle ruche pour 8 à 9 francs, nul doute que les nouvelles méthodes ne pénètrent plus facilement chez les cultivateurs des campagnes.

En suivant pas à pas, pour construire ou pour faire construire une ruche, les indications détaillées que je vais donner, chacun pourra se convaincre de la réalité positive des bas prix que je viens de signaler.

M. Joly, un de nos apiculteurs les plus connus, a construit lui-même pour son usage plus de 200 ruches à cadres. Plusieurs cultivateurs, mes voisins, ont aussi fabriqué eux-mêmes leurs ruches à cadres. Toutes ces ruches ne sont pas des chefs-d'œuvre de menuiserie à exposer dans les concours, et cependant pour gouverner facilement les abeilles elles rendent tout autant de services que les ruches les mieux polies et les plus élégantes. Ni les apiculteurs que je viens de citer, ni moi-même qui me sers depuis vingt-cinq ans des ruches que je construis, n'avons trouvé d'inconvénients dans l'emploi de ce matériel simplifié.

Je pense donc que ceux qui cherchent avant tout l'économie, sans compromettre en rien l'excellence des résultats, trouveront quelque avantage à suivre les conseils pratiques que je vais indiquer, c'est à eux seuls que je m'adresse.

II. — Conseils préliminaires.

1. Justesse à exiger dans la construction. — Dans la construction des ruches, il ne faudrait pas supposer que quelques millimètres de plus ou de moins sont sans importance, car si les pièces n'étaient pas établies avec une justesse suffisante, on éprouverait beaucoup d'inconvénients dans le maniement des ruches.

Si l'on veut faire construire des ruches par un menuisier, on devra exiger qu'il ne s'écarte *en rien* des conseils pratiques qui sont donnés plus loin. Il devra même se conformer aux indications de détails qui pourraient lui sembler sans importance au premier abord. En général, le menuisier n'est pas un apiculteur, et s'il est tenté de modifier ou d'innover ce sera toujours au détriment du bon fonctionnement de la ruche.

D'ailleurs, que l'on construise la ruche soi-même ou non, il y aura quelques pièces qu'on devra faire faire par un menuisier, ce sont les *guides* et les *calibres* (§ 8 et 9), qui servent à fabriquer toutes les autres pièces de la ruche.

2. Outils nécessaires. — Dans le cas où l'on se propose de construire soi-même les ruches, un court apprentissage est indispensable pour celui qui n'a jamais manié la scie et le rabot. La première ruche fabriquée sera sans doute défectueuse, mais on en reconnaîtra facilement les défauts et l'on atteindra bien vite une précision suffisante.

Il faut peu d'outils pour fabriquer les ruches : un établi, une varlope, un ciseau de menuisier assez fort, une scie à dents fines appelée par les menuisiers *scie-à-raser*, des tenailles et un marteau, sont les outils les plus utiles. Si l'on doit acheter ces outils, il est nécessaire qu'ils soient de bonne qualité; ceux de la marque Peugeot que l'on trouve partout sont excellents. Pour la scie on fera bien de la faire affûter par un menuisier, car il est impossible de scier d'équerre avec une scie mal affûtée.

3. Nature du bois à employer. — Dans les campagnes beaucoup de cultivateurs possèdent du bois, et pourraient penser qu'il est plus économique de le faire débiter que d'acheter du bois scié à la mécanique. C'est une erreur en ce qui concerne la construction des ruches. On en sera convaincu lorsqu'on aura lu les indications qui suivent.

Le bois le meilleur et le plus pratique pour fabriquer les ruches est le sapin rouge du Nord, en lame de parquet que l'on trouve facilement dans le commerce. Ces lames sont vendues rabotées sur une face et brutes de sciage sur l'autre ; elles sont sciées mécaniquement avec pré-

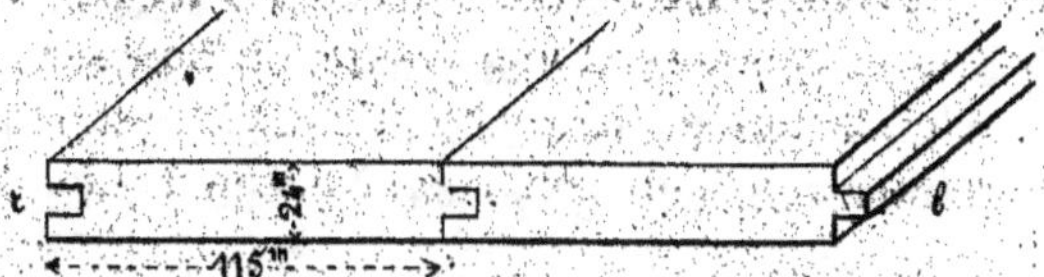

Fig. 1. — Deux lames de parquet emboîtées l'une dans l'autre: *l*, languette; *r*, rainure.

cision, et portent d'un côté une languette (*l*, fig. 1) et de l'autre une rainure *r* de manière à s'emboîter les unes dans les autres. Les planches que l'on forme ainsi par la réunion des lames entre elles ne se déforment jamais, ce qui est un grand avantage.

On trouve dans le commerce des lames de parquet de différentes largeurs ; il est nécessaire d'employer les *lames de 115 millimètres de largeur*, parce que ce sont celles qui donnent le moins de perte de bois.

Les lames en sapin rouge du Nord coûtent généralement, au détail, environ *1 fr. 75 le mètre carré*.

Le sapin blanc coûte à peu près 0 fr. 20 de moins par mètre carré, mais il dure beaucoup moins longtemps.

On recommande souvent à tort les bois poreux, tels que le bois de peuplier pour la construction des ruches sous prétexte que cette porosité du bois est favorable à l'évaporation. Or, au bout d'un certain temps, les abeilles ont complètement propolisé le bois de la ruche à l'intérieur de façon à l'enduire d'un vernis absolument imperméable ; il est donc tout à fait indifférent que le bois soit poreux ou non. En particulier le bois de peuplier si souvent préconisé est l'un des plus mauvais pour la construction des ruches comme j'ai pu le constater par moi-même.

III. — DESCRIPTION D'UNE RUCHE A CONSTRUIRE.

4. Ruche prise comme exemple. — Le système de construction que je vais décrire pourra s'employer pour tous les modèles de ruches à cadres, mais pour la précision des indications à donner, il est nécessaire de les appliquer à un modèle déterminé. Il faut donc choisir un exemple. J'appliquerai ce système de construction au type de la ruche horizontale, type que je préfère aux autres parce qu'il permet de cultiver les abeilles de la manière la plus simple.

Avant de passer au détail de la construction des pièces, il est utile de jeter un coup d'œil d'ensemble sur le modèle à construire qui est ici pris pour exemple et qu'on appelle ordinairement *ruche Layens*.

8. Description sommaire de la ruche Layens. —

La ruche Layens se compose d'une caisse en bois sans fond dont le couvercle formant le toit de la ruche (TT, fig. 2) est relié à la caisse par deux charnières que l'on voit sur la figure 2. Les deux faces les

Fig. 2. — Ruche Layens, à construire, en sapin rouge du Nord. C C C, corps de la ruche, en partie recouvert de paille et percé, en avant et à gauche, d'une entrée munie d'une porte L. A droite, en bas, est une autre entrée semblable qui peut remplacer la première; TT, toit recouvert de tôle galvanisée et relié au corps de la ruche par deux fortes charnières en fer; PP, plateau faisant saillie en avant et portant une planchette *a* devant l'entrée.

plus grandes de la caisse constituent ce qu'on appelle *le devant et le derrière de la ruche*; les deux faces les plus petites sont appelées *les côtés de la ruche*, et la caisse tout entière forme *le corps de la ruche* (CC, fig. 2). La figure 4 représente ce corps de la ruche isolé. Une grande partie du devant et du derrière de la ruche est recouverte de paille comme on le voit sur la figure 2. C'est dans le corps de la ruche que sont renfermés des *cadres* en bois tels que celui que représente la figure 3. Ces cadres, au nombre de vingt, sont placés parallèlement aux côtés de la ruche. On voit l'un de ces cadres en place dans le corps de la ruche, sur la figure 4, au-dessus et à droite de la lettre A.

Enfin, cette caisse sans fond, qui forme le corps de la ruche, repose simplement sur une planche qui déborde sur le devant et qu'on nomme le *plateau de la ruche* (PPP, fig. 2); une petite planchette *a*, sur laquelle arrivent les abeilles, est fixée à gauche et en avant du plateau.

Nous allons maintenant décrire chacune des parties principales de la ruche.

1° *Corps de la ruche* (fig. 4). — Le devant et le derrière de la ruche

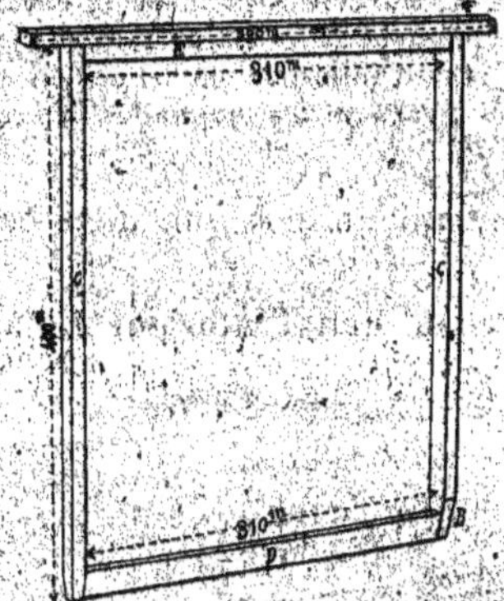

Fig. 3. — Un cadre : CC, côtés du cadre coupés en bas en biseau B; D, traverse inférieure; F, traverse supérieure; E, traverse de renforcement.

sont formés chacun par une planche qui porte en haut une traverse faisant saillie (A, fig. 4). Les deux côtés de la ruche ont deux traverses, l'une supérieure (S fig. 4) et l'autre inférieure I.

C'est sur la partie sans traverse du devant de la ruche qu'est fixé un paillasson; le paillasson recouvre le devant de la ruche sauf la traverse du haut et sauf une hauteur de 10 centimètres en bas (fig. 2). Sur le derrière de la ruche il y a aussi un autre paillasson qui descend presque jusqu'en bas. Cette paille sert à protéger la ruche contre les variations de température; elle est inutile sur les côtés qui sont protégés intérieurement par les rayons. Une ruche ainsi paillée coûte moins cher qu'une ruche à double paroi et est aussi bien protégée.

En bas du devant de la ruche, à gauche de la partie sans paille, se trouve *l'entrée de la ruche* qui peut être plus ou moins fermée par une bande de tôle galvanisée L appelée *porte* (fig. 2). A droite, se trouve une

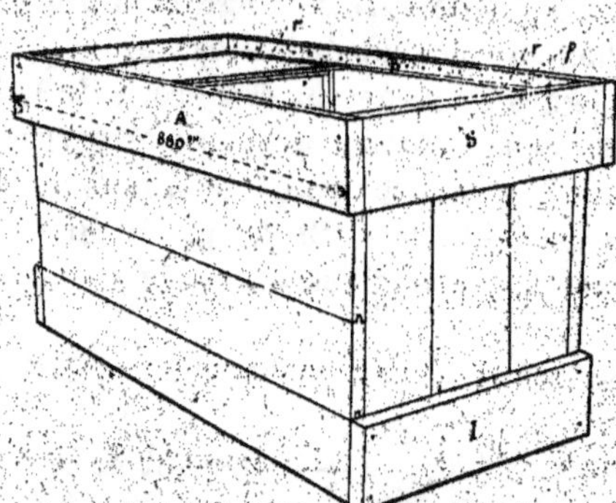

Fig. 4. — Corps de la ruche : A, traverse supérieure du devant de la ruche ; B, traverse supérieure du derrière de la ruche ; S et I, traverses supérieure et inférieure de l'un des côtés de la ruche. *rr*, rebord intérieur sur lequel on pose les cadres ; *p*, un des points de repère supérieurs marquant les intervalles des cadres.

autre entrée semblable, qui ne sert que dans certaines circonstances spéciales (1).

Si l'on regarde maintenant dans l'intérieur de la ruche en la couchant

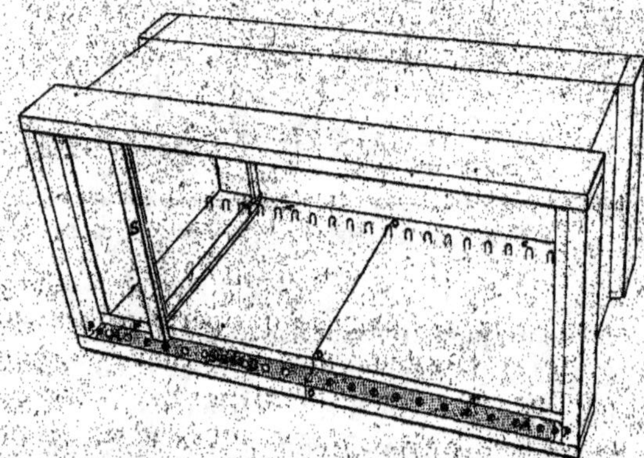

Fig. 5. — Corps de la ruche couché sur sa face de devant, montrant l'une des deux lignes de crochets CC situés à l'intérieur et en bas de la ruche, et entre lesquels on place la base du cadre I ; *rr*, rebords sur lesquels reposent les traverses supérieures S des cadres. Les indications en A, A, P, P, sont relatives à la construction (voir § 15).

sur le devant (fig. 5), on voit en bas de la ruche deux lignes de petits

(1) En fait, il n'y a donc jamais qu'une seule entrée qui fonctionne. La seconde entrée n'est utile que lorsque l'apiculteur désire reporter le groupe d'abeilles de l'autre côté de la ruche. Il ouvre alors cette seconde porte et ferme la première.

crochets *cc* à égale distance les uns des autres. L'une de ces séries de crochets est clouée à l'intérieur du bas du devant de la ruche; l'autre série de crochets est clouée à l'intérieur de la face opposée.

En dedans, le haut du corps de la ruche porte un rebord intérieur tout autour (*rr*, fig. 4 et 5); au-dessus de ce rebord et à l'intérieur du corps de la ruche se trouvent deux lignes de points de repère (*p*, fig. 4) qui correspondent exactement chacun au milieu des crochets du bas.

Grâce à ces crochets et à ces points de repère la position des 20 cadres de la ruche se trouve nettement indiquée. On place chaque cadre de façon que sa base (I, fig. 5) vienne se placer de chaque côté entre deux crochets tandis que la traverse supérieure du cadre (S, fig. 5) vient se placer de chaque côté entre deux points de repère correspondants. On voit sur la figure 4 un cadre ainsi placé dans sa position naturelle. C'est aussi de la même manière que l'on peut mettre une *planche de partition* (fig. 6) qui sert dans plusieurs cas pour diminuer la grandeur de la ruche.

Quand les cadres sont placés, il reste entre leurs traverses supérieures un intervalle qu'on ferme par des lattes de bois placées sur champ (voyez fig. 42). Sur le tout, on met de vieilles couvertures de laine ou un paillasson.

2° *Toit.* — Le toit de la ruche est formé de quatre lames de bois assemblées, et recouvertes d'une feuille de tôle mince galvanisée figurée par une teinte grise sur la figure 2. La hauteur de ce toit permet, si on le désire, d'ajouter à son intérieur des

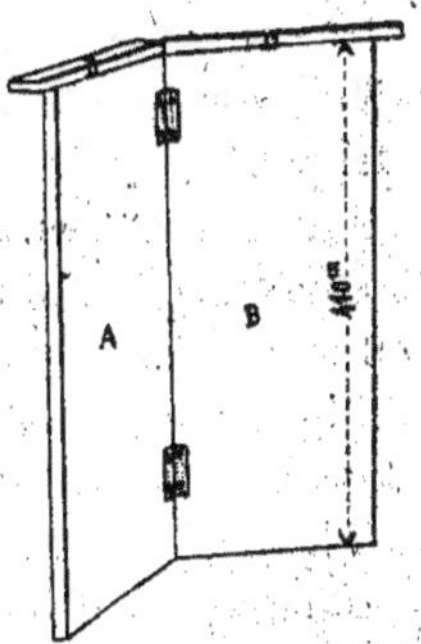

Fig. 6. — Planche de partition, formée de deux planchettes égales AB surmontées de deux traverses DD.

boîtes de surplus, c'est-à-dire de petits cadres destinés à faire du miel en rayon.

J'ai essayé, pour les toitures des ruches en plein air, du bois, de la paille, du carton bitumé, de la tôle peinte et du zinc; j'ai adopté en définitive la tôle galvanisée qui coûte un peu plus que le zinc, mais qui ne se gondole jamais ni par la chaleur ni par le froid. J'ai, depuis quinze ans, des toits de tôle galvanisée qui n'ont jamais bougé. C'est, en somme, la toiture la plus économique.

Je me sers de tôle douce la plus mince (d'un demi-millimètre d'épaisseur) qui coûte au plus 80 centimes le kilogramme.

3° *Plateau.* — Le plateau de la ruche est simplement formé par une planche portant deux traverses en dessous. Il est muni, comme on l'a dit plus haut, d'une petite planchette *a*, en face de l'entrée de la ruche.

Maintenant que nous connaissons dans son ensemble le modèle à

construire, nous allons passer à la pratique de la construction de la
ruche.

IV. — Construction pratique des diverses pièces de la ruche.

6. Quantité de bois nécessaire pour la ruche. —
Pour une ruche de vingt cadres, en y comprenant le plateau, il faudra
environ 20 mètres de longueur de lames de parquet; on trouve des
lames qui ont jusqu'à 7 mètres de longueur, il y a donc très peu
de perte de bois au sciage. Pour une ruche, le prix du bois sera par
suite d'environ 4 fr. 20.

La planche de partition, car une seule suffit pour une ruche, sera
faite avec du bois de 10 millimètres d'épaisseur et coûtera environ
0 fr. 20.

Pour les cadres, je me sers de planches de sapin, que l'on trouve dans
le commerce et dont l'épaisseur est exactement de 8 millimètres. On
fait refendre ces planches en treillage de 25 millimètres de largeur; ce
treillage doit donc avoir 8 millimètres d'épaisseur sur 25 millimètres de
largeur et il est fort important qu'il ait *exactement ces dimensions*. Le
treillage revient à 0 fr. 04 le mètre courant; en en faisant scier de
grandes quantités on pourrait l'obtenir à 0 fr. 03.

Pour vingt cadres, il en faut 36 mètres de longueur; ce qui fera
1 fr. 45.

En somme, on voit d'après ce qui précède que la quantité de bois nécessaire pour une ruche coûtera 5 fr. 85.

7. Pointes, crochets, charnières. — Je me sers de
deux sortes de pointes représentées (fig. 7 et 8) en grandeur naturelle;

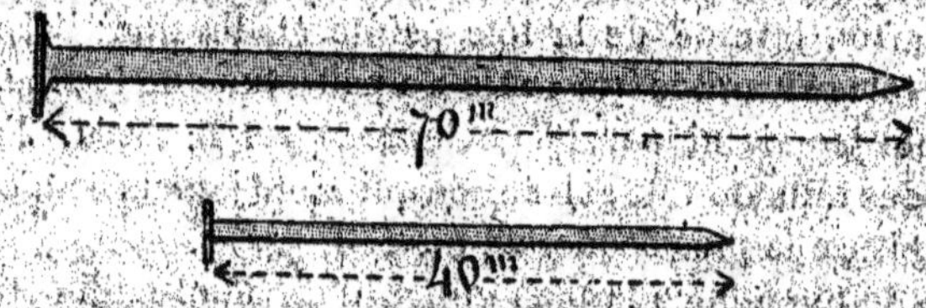

Fig. 7 et 8. — Pointes servant à la construction de la ruche (en grandeur naturelle).

ces pointes sont longues et fines : longues afin d'obtenir la solidité nécessaire, fines pour éviter que le bois ne se fende. Pour une ruche, le
prix des pointes est d'environ 0 fr. 30.

Dans la construction de la ruche, j'enfonce toutes les pointes en les

inclinant un peu (fig. 10, à droite); on obtient ainsi une solidité beaucoup plus grande.

Les figures 9 et 10 représentent deux pièces A et B, fixées ensemble par
deux pointes enfoncées obliquement dans la figure 10 (à droite) et enfoncées droit dans la figure 9 (à gauche). Il est facile de comprendre qu'il

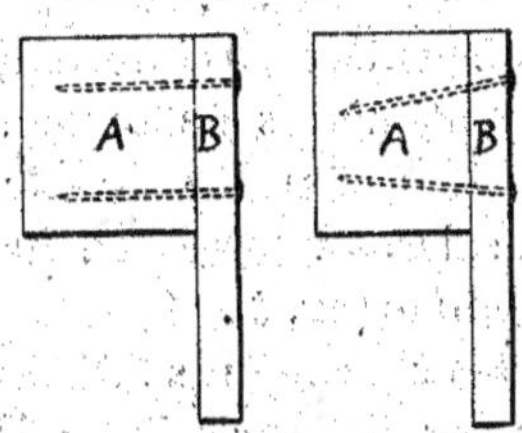

Fig. 9 et 10. — Deux pièces A et B, clouées avec deux pointes : droit (fig. 9), et obliquement (fig. 10). La seconde jonction est plus solide que la première.

faudrait un effort beaucoup plus grand pour séparer ces deux pièces
dans le premier cas (fig. 10, à droite) que dans le second (fig. 9, à gauche).

On trouve dans le commerce, sous le nom de crochets, du fil de fer
recourbé terminé en pointe *à chaque* extrémité. La figure 11 (à gauche) représente un de ces crochets en grandeur naturelle. Tels qu'on les vend,

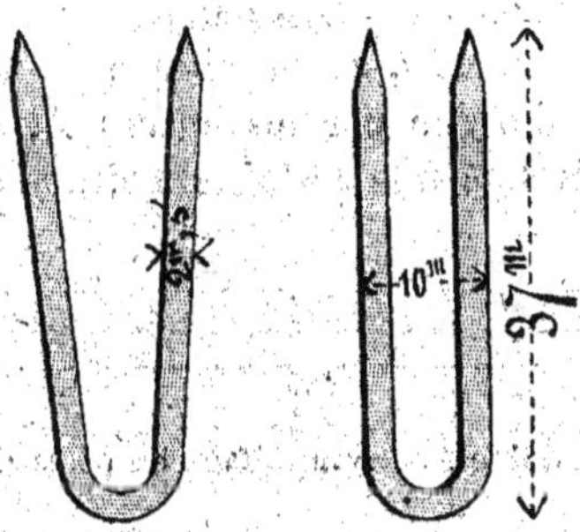

Fig. 11 et 12. — A gauche un des crochets pour la construction de la ruche tel qu'on le
trouve dans le commerce (en grandeur naturelle). — A droite le même crochet dont
on a rendu les branches parallèles.

ces crochets n'ont pas les branches parallèles; on devra donc à l'aide
d'un marteau resserrer les deux branches de chacun d'eux et l'on
obtiendra ainsi des crochets tels que celui représenté par la figure 12
(à droite).

*Il est très important que le fil de fer ait exactement une épaisseur de
deux millimètres et demi,* afin que la largeur du crochet soit de 10 millimètres, après le resserrement des branches. La longueur des bran-

ches doit être d'environ 37 millimètres. Pour une ruche il faut 42 crochets qui coûtent ensemble environ 0 fr. 10 (1).

Le toit est relié au corps de la ruche par deux charnières; cette disposition, que j'ai adoptée nouvellement après l'avoir vue dans plusieurs ruchers, est très commode et augmente peu le prix de la ruche; toutefois on pourrait s'en dispenser. Les charnières, qui doivent être très fortes, auront environ 16 centimètres de longueur sur 3 centimètres de largeur; les deux charnières coûtent ensemble 0 fr. 80. On voit ces charnières figurées en haut de la ruche dans la figure d'ensemble (fig. 2).

Fig. 13. — Une des petites pointes de tapissier qui servent à marquer des repères (*p*, fig. 4) (en grandeur naturelle).

Deux petites charnières sont nécessaires pour la planche de partition (fig. 6), leur prix est d'environ 0 fr. 10 pour les deux; toutes ces charnières devront être fixées par des vis.

On devra enfin se procurer des pointes de tapissier dont les têtes auront 5 ou 6 millimètres de diamètre; une de ces pointes est représentée en grandeur naturelle sur la figure 13.

En somme, l'ensemble de ces fournitures, sauf les grandes charnières, représente une dépense de 0 fr. 70 environ par ruche.

8. Guides pour l'assemblage des pièces. — Pour assembler, scier et clouer les diverses parties de la ruche, je me sers de pièces de bois appelées *guides*, ce qui abrège beaucoup le travail; il y a quatre guides que je désigne par les lettres *A*, *B*, *C*, *D*. Je conseille, à moins que l'on n'ait déjà une certaine habitude du maniement des ou-

Fig. 14. — Guide A, servant à faire les côtés de la ruche.

tils, de faire faire ces guides par un menuisier, car de leur bonne construction dépend celle de la ruche.

1° *Guide A* (fig. 14). — Ce guide, comme nous le verrons plus loin, sert à faire les côtés de la ruche.

Pour faire ce guide je me sers d'un morceau de lame que je découpe suivant les dimensions indiquées par la figure 14. Son épaisseur est donc celle de la lame, c'est-à-dire 24 millimètres.

2° *Guide B* (fig. 15 et 16). — Le guide *B* sert à placer les crochets.

(1) Si par hasard on ne trouvait pas facilement de ces crochets identiques à ceux de la figure 11, on pourrait remplacer un crochet par deux pointes de la même grosseur et de la même longueur.

Ce guide, comme le précédent, sera construit avec un morceau de lame qui a 24 millimètres d'épaisseur ; il sert à clouer exactement à leur place, sans être obligé de prendre des mesures, les crochets qu'on

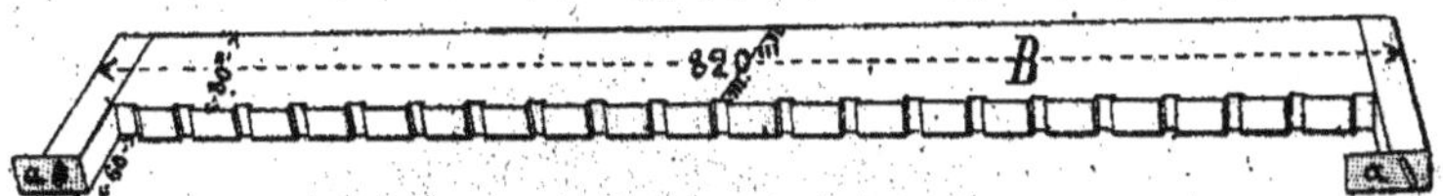

Fig. 15. — Guide B, servant à placer les crochets dans le bas de la ruche : a,a, loquets de tôle, mobiles chacun autour d'un piton ; m,n, trait de crayon, au milieu.

place dans le bas des ruches (voyez cc, fig. 28). On voit dans la figure 16 (qui représente une partie du guide B) un de ces crochets (c) prêt à être cloué.

Le long de la lame (fig. 15) sont découpées de petites encoches de

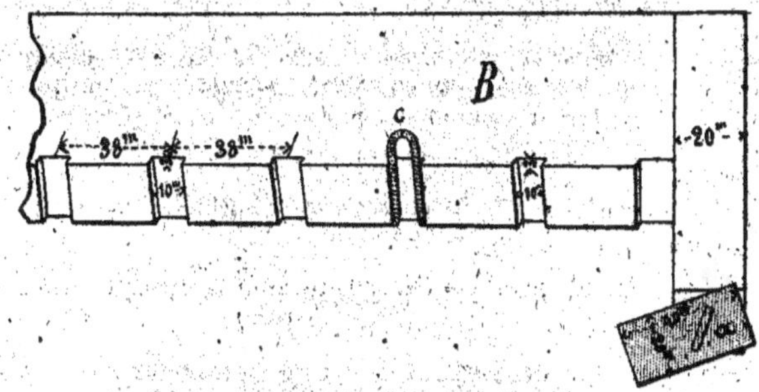

Fig. 16. — Fragment du guide B, moins réduit que sur la figure 8, montrant un crochet C prêt à être cloué ; a, un des deux loquets de tôle mobile autour d'un piton.

10 millimètres de largeur et de 3 millimètres de profondeur. Il est absolument indispensable que ces encoches soient *exactement* distantes de 38 millimètres les unes des autres, comme l'indique la figure 16. A chaque extrémité du guide se trouve, en retour, un loquet (a, a, fig. 15

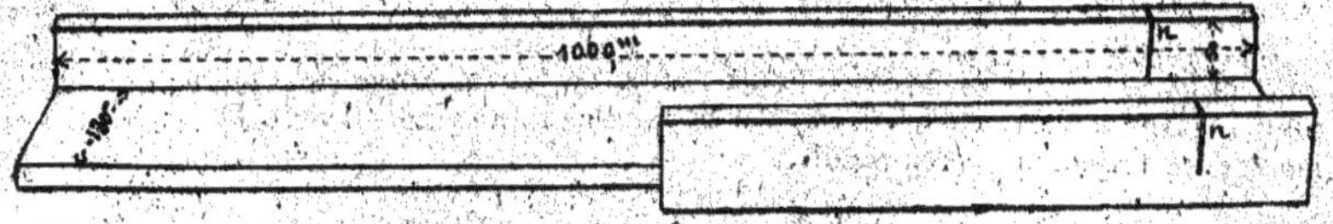

Fig. 17. — Guide C ou boîte à onglets, pour faciliter le sciage des pièces (voyez fig. 18) ; nn, trait de scie pour guider la scie.

et a, fig. 16), fixé sur le bois par un piton ; ce loquet formé d'une petite plaque de tôle galvanisée peut se mouvoir autour du piton. On voit en effet que dans la figure 16 ce loquet n'a pas la même position que dans la figure 15.

Le guide *B* est divisé en deux par un trait de crayon (*m n*, fig. 15).

3° *Guide C* (fig. 17 et 18). — Ce guide, appelé par les menuisiers *boîte à onglet* (fig. 17), sert à scier d'équerre les lames de différentes longueurs sans avoir à prendre de mesures, comme je l'indiquerai plus

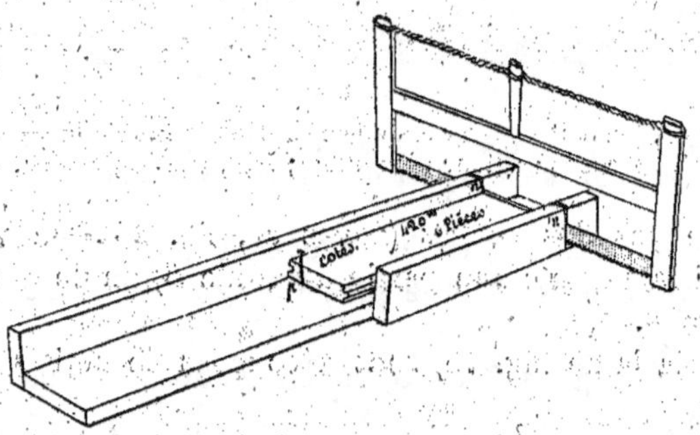

Fig. 18. — Calibre placé dans la boîte à onglet (voy. fig. 17) pour guider le sciage des pièces qui ont la même longueur que ce calibre; *p*, pointe contre laquelle le calibre vient butter; *n,n*, trait de scie conducteur et dans lequel est placée la scie.

loin. Il suffit, du reste, de voir la figure 18 pour comprendre la manière de se servir de ce guide.

4° *Guide D* (fig. 19 et 20). — Ce guide sert à clouer dans le haut de la ruche les pointes de tapissier (fig. 13).

On fera découper par un ferblantier une bande de zinc de 810 milli-

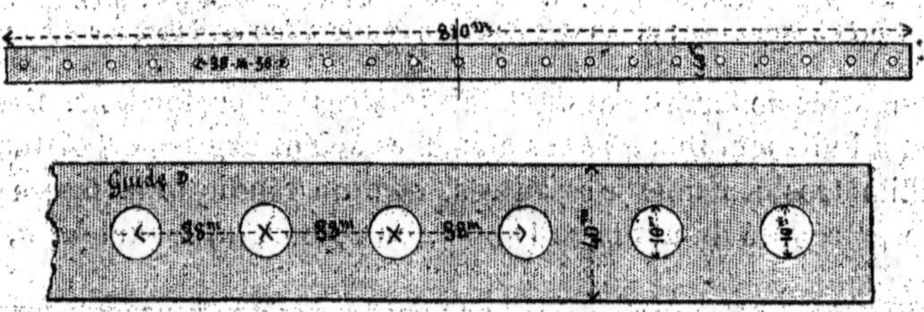

Fig. 19 et 20. — Guide D, bande de zinc percée de trous pour clouer les pointes de tapissier en haut de la ruche. La figure 19 représente le guide D entier; la figure 20 en montre un fragment moins réduit.

mètres de longueur sur 40 millimètres de largeur. Cette bande sera ensuite percée de trous de 10 millimètres de diamètre, dont les centres sont *exactement* distants entre eux de 38 millimètres. Pour vérifier si ces trous ont été percés avec précision, on doit placer la bande trouée sur le guide *B*; chaque trou doit correspondre exactement à une encoche. La figure 20 représente un morceau du guide *D*, moins réduit.

9. Calibres. — La ruche, comme je l'ai déjà dit, se compose de lames de différentes longueurs reliées ensemble ; il y en a de six longueurs différentes. On fera scier exactement et parfaitement d'équerre ces six longueurs par un menuisier, et sur chacune de ces six pièces appelées *calibres* on inscrira sa longueur, le nombre des pièces semblables nécessaires pour une ruche, et la partie de la ruche à laquelle appartient cette pièce, comme on le voit sur le calibre qui est dans la boîte à onglets (fig. 18). On lit sur ce calibre *420 millimètres, 6 pièces, côtés*, ce qui veut dire que ce calibre a exactement 420 millimètres de longueur, qu'il faut six lames de cette longueur pour une ruche et que ces lames sont destinées à fabriquer les côtés de la ruche.

De cette manière, si l'on veut construire une ruche, il n'y a plus qu'à scier, comme je l'indiquais plus loin, le nombre de pièces nécessaires, à l'aide de ces calibres.

Le tableau suivant indique tous les calibres nécessaires pour une ruche, leur longueur, les parties de la ruche auxquelles ils sont destinés ainsi que le nombre des pièces correspondant à chaque calibre.

Longueur des calibres exprimée en millimètres.	Parties de la ruche auxquelles le calibre est destiné.	Nombre de pièces pour une ruche.
880mm	traverses pour le devant et le derrière	2
830	parois de devant, de derrière et toit	10
393	traverses pour les côtés	4
420	côtés	6
440	toit	2
880	plateau	4
460	traverses du plateau	2

10. Méthode pour scier les lames (voyez plus haut, fig. 18). — Je fixe sur mon établi la boîte à onglet, à l'aide du valet de l'établi ; j'introduis la lame de ma scie dans le trait de scie *nn* (fig. 17) ; contre la scie, j'appuie l'extrémité d'un calibre, puis, à l'autre extrémité du calibre, j'enfonce une pointe *p* (fig. 18). Je retire le calibre et à sa place je fais glisser une lame dans la boîte à onglet, jusqu'à ce qu'elle vienne butter contre la pointe *p* ; je scie alors la lame en mettant la scie dans le trait de scie *nn*, et j'obtiens ainsi une longueur de lame exactement égale à celle du calibre. Je continue ainsi à scier autant de pièces que je désire.

Avant donc de monter ma ruche, je commence par scier de cette manière toutes les pièces qui doivent la composer et dont le nombre et les longueurs sont indiqués sur le tableau précédent.

11. Assemblage des côtés de la ruche (fig. 21, 22 et 23). — Je prends trois pièces de 420 millimètres de longueur, et à l'aide d'une varlope je supprime la languette d'une pièce ; puis, après avoir emboîté les trois pièces les unes dans les autres, je les pose sur l'établi, la partie rabotée étant en dessus. Je place ensuite le guide *A* comme l'indique la figure 21 ; les trois pièces doivent y entrer exactement.

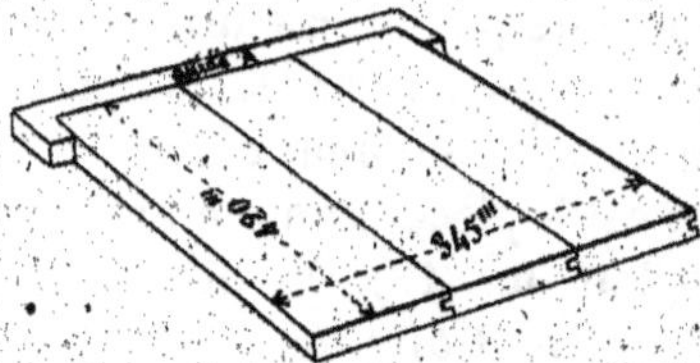

Fig. 21. — Assemblage de trois lames de 420 millimètres destiné aux côtés de la ruche ; on a supprimé la languette de la lame de gauche et laissé la rainure de la lame de droite. Les trois pièces assemblées entrent exactement dans le guide A.

Si les trois pièces n'entrent pas dans le guide *A*, je donne un coup de varlope pour diminuer la largeur de l'ensemble ; en tout cas

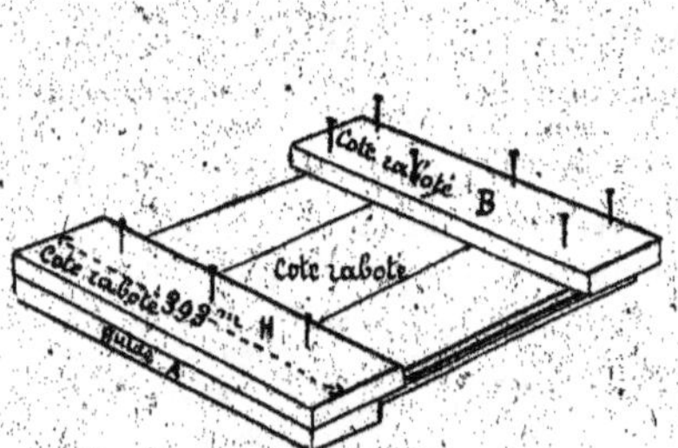

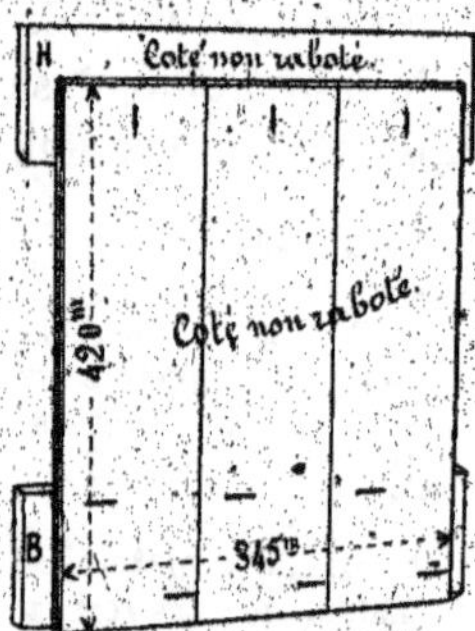

Fig. 22. — Pose des traverses sur un des côtés de la ruche ; H, traverse du haut placée sur le guide A et fixée par 3 pointes ; B, traverse du bas fixée par 6 pointes.

Fig. 23. — Un des côtés de la ruche terminé et vu par sa face intérieure ; H, traverse du haut ; B, traverse du bas.

l'ensemble des trois pièces ne devra jamais être moins large que l'intérieur du guide *A* (1).

Il peut arriver en effet que les lames du commerce, au lieu d'avoir exactement 115 millimètres de largeur, en aient 114 ou 116. Lorsqu'on

(1) Les lames de parquet du commerce peuvent varier en largeur de 1 à 2 millimètres. Il est donc très important, lorsqu'on choisit le bois, d'assembler trois lames et de vérifier si l'ensemble de ces trois lames a bien 345 millimètres de largeur au moins. Si l'ensemble avait moins de 345 millimètres, on devrait se procurer quelques lames de 105 millimètres de largeur (autre grandeur que l'on trouve facilement dans le commerce). On se servirait de cette largeur de lames uniquement pour la fabrication des côtés de la ruche, les traverses de ces côtés restant toujours les mêmes. Au lieu de trois lames, cette planche des côtés serait alors formée de quatre lames s'emboîtant les unes dans les autres. En supprimant de chaque côté la quantité de bois nécessaire pour que l'assemblage des quatre lames entre exactement dans le guide A, on aura fabriqué par ce moyen les planches des côtés de la ruche.

achète des lames de parquet, on doit donc tâcher de les choisir plutôt trop larges que trop étroites.

Quoi qu'il en soit, il est *indispensable* que la planche formée de ces trois pièces entre exactement dans le guide *A*.

Sur cette planche ainsi préparée, je cloue deux traverses de 393 millimètres de longueur faites avec des lames dont j'ai enlevé préalablement les languettes et les rainures (fig. 22). La traverse qui formera le haut H est placée, comme on le voit dans la figure, de manière à ce que ses bords coïncident avec ceux du guide *A* qui est placé en dessous, et je la fixe par trois pointes à la planche précédente, formée par l'assemblage des trois pièces. Cette traverse H déborde la planche en dehors de 40 millimètres (voyez H, fig. 23). Quant à la traverse du bas B, elle ne déborde pas en dehors (B, fig. 23) ; on la fixe par six pointes (fig. 22). Les pointes, une fois enfoncées, dépassent par derrière ; elles sont alors recourbées et rivées du côté opposé, ce qui rend l'assemblage très solide. La figure 23 montre un côté de la ruche terminé. Le second côté de la ruche se construit de la même manière.

12. Pose des crochets (fig. 24). — Je choisis une lame de 830 millimètres de longueur, dont je supprime la rainure à l'aide de la varlope. Je partage exactement en deux cette lame par un trait de crayon (*cc*, fig. 24). Sur la partie non rabotée de cette lame LL, je place le guide *B*, et je fais tourner en bas les loquets *a a* de manière à ce que la lame vienne butter sur ces loquets du côté où la rainure est

Fig. 24. — Pose des crochets sur une lame LL au moyen du guide B (fig. 15) ; *cc*, trait de crayon du milieu de la lame sur le prolongement du trait *mn* du guide B. Les crochets de droite sont enfoncés, les suivants sont prêts à l'être, les 3 encoches de gauche n'ont pas encore de crochets.

supprimée et de telle sorte que le trait *mn* du milieu du guide corresponde au trait *cc* du milieu de la lame, c'est ce qu'indique la figure 24. Je cloue ensuite les crochets (fig. 12) dans les encoches en les enfonçant au ras du guide *B* (voyez la figure 24) ; enfin, je fais tourner d'un demi-tour les loquets *a a* pour pouvoir enlever le guide. La même opération est ensuite répétée sur une seconde lame semblable, et l'on a ainsi placé les crochets du devant et du derrière de la ruche (1).

(1) Dans le cas où, ne pouvant pas se procurer de crochets, on remplace chaque crochet par deux pointes, chaque pointe est clouée en dedans des deux côtés de l'encoche.

13. Parois de devant et de derrière (fig. 25). — Je
prends une des lames sur laquelle j'ai cloué les crochets (LL, fig. 24), je
la pose sur l'établi, en la plaçant sur la tranche sans languette ; puis,
j'emboîte au-dessus trois autres lames de même longueur (830 millimètres). Il faut remarquer que lorsqu'on emboîte les lames les unes sur
les autres, on ne doit pas frapper directement sur les lames, car on

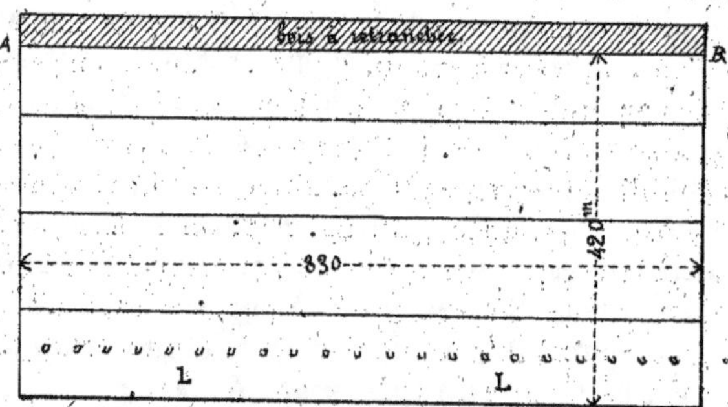

Fig. 25. — Construction d'une des parois de devant ou de derrière ; LL, lame à crochets (voy. fig. 24) au-dessus de laquelle sont emboîtées trois lames dont on re-
tranche la partie AB marquée par des hachures à 420 millimètres de la base.

pourrait endommager les languettes ; on doit frapper sur une planchette
qui pose sur la languette.

Sur la planche ainsi formée, je trace dans le haut une ligne AB (fig. 25)
à 420 millimètres du bas, puis je supprime l'excédent (ce bois à retran-
cher est représenté par des hachures sur la figure 25). Je construis ensuite une seconde planche pareille à la première. Les deux planches
sont destinées à former les parois de devant et de derrière de la ruche.

14. Montage du corps de la ruche (fig. 26 et 27). — Pour
monter le corps de la ruche, je commence par assembler les parois
de devant et de derrière en les clouant avec les côtés. Il suffit de voir
la figure 26 où l'on n'a encore cloué qu'une des deux parois, pour se
rendre compte facilement de cet assemblage. Pour terminer le corps
de la ruche, je cloue à la partie supérieure deux traverses de 880 millimètres (A et B, fig. 27) à la même hauteur que les traverses supérieures
des côtés, après en avoir supprimé les languettes et les rainures
(fig. 27). Pour clouer ces traverses, on enfonce les pointes à l'intérieur
de la ruche, et on les rive extérieurement comme à l'ordinaire. Ces
traverses sont reliées aussi par quatre pointes avec les traverses supérieures des côtés. Le corps de la ruche est alors formé.

Lorsqu'on aura terminé le corps de la ruche, il pourra se faire qu'en le plaçant sur une table plane, ses bords inférieurs ne touchent pas la table partout à la fois. Si le corps de la ruche gauchit ainsi légère-

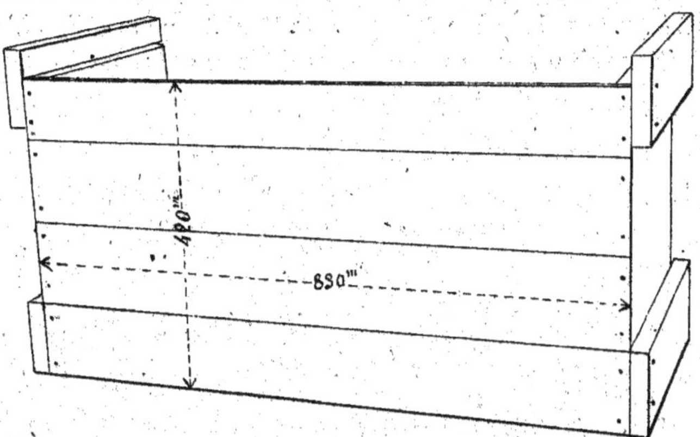

Fig. 26. — Montage du corps de la ruche. Une des parois est clouée sur les deux côtés.

ment, on le redressera de la manière suivante. On placera le corps de la ruche sur l'établi de façon que deux coins opposés soient sur le bord

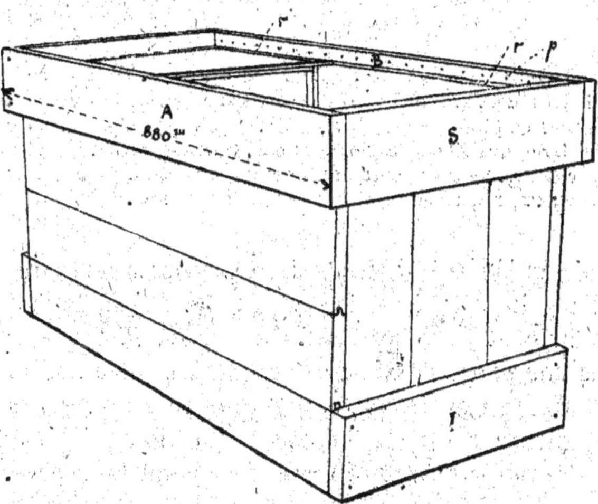

Fig. 27. — Montage du corps de la ruche (suite). On a cloué les traverses A et B qui relient les parois aux traverses supérieures des côtés S. La traverse inférieure d'un côté est figurée en I; rr, rebord intérieur formé par le haut des faces du corps de la ruche et sur lequel reposent les cadres; p, une des pointes de tapissier servant de point de repère.

de l'établi, puis, à l'aide d'un maillet, on frappera sur le haut de la partie en dehors, de manière à redresser le corps de la ruche.

15. Clouage des pointes de tapissier (fig. 28). — A l'intérieur du corps de la ruche (fig. 28), je trace au crayon une ligne *ooo* qui divise exactement la ruche en deux parties égales. A l'intérieur, sur la traverse AA, je pose le guide *D* (voyez fig. 19 et 20) de manière à ce que le trou du milieu soit placé au milieu du trait de crayon *ooo*; je fixe les deux

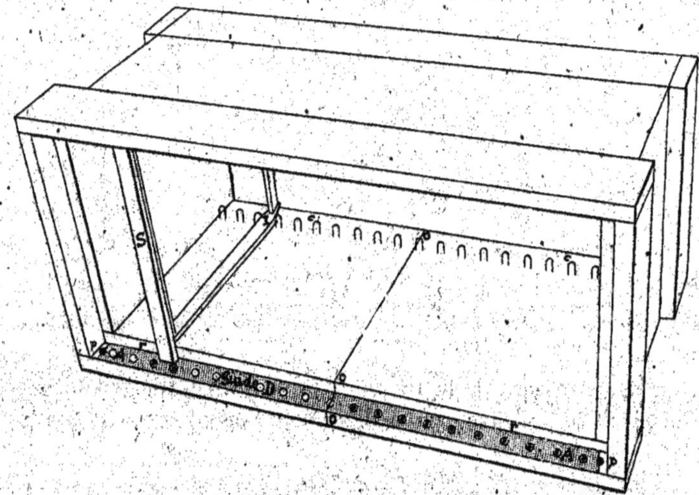

Fig. 28. — Corps de la ruche couché sur l'une de ses faces. On a placé le guide D (voy. fig. 19) en dedans de l'une des traverses AA pour insérer au milieu des trous de ce guide les pointes de tapissier qui doivent servir de repères pour les cadres. PP, deux pointes à tête large qui fixent le guide D; *ooo*, trait de crayon, au milieu du corps de la ruche, qui coïncide avec le centre du trou du milieu du guide D. On voit au fond les crochets *cc*; *rr*, rebord sur lequel reposent les cadres.

extrémités du guide *D* à l'aide de deux pointes à tête large PP; enfin, je cloue une pointe de tapissier (voyez fig. 13) au milieu de chaque trou, en l'enfonçant jusqu'au bout. On voit sur la figure 28 les pointes clouées dans une partie des trous du guide. On voit aussi un cadre dont la partie inférieure I se trouve engagée entre les crochets et dont la traverse supérieure S est placée dans la position qu'elle doit occuper entre deux têtes de pointes qui servent de point de repère.

16. Entrée des abeilles (fig. 29). — Dans le bas de la ruche, je fais à chaque extrémité une entaille de 10 millimètres de profondeur sur 220 millimètres de longueur (voyez la figure d'ensemble fig. 2). Au niveau de ces entailles je fixe à l'aide de deux pitons (PP, fig. 29) une plaque de tôle galvanisée de 250 millimètres de longueur sur 50 millimètres de largeur. Derrière cette plaque, glisse une languette I, en tôle galvanisée, servant de porte, et dont l'extrémité est recourbée en

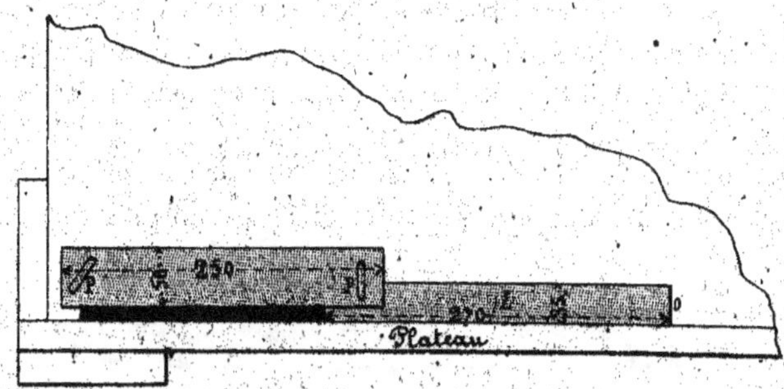

Fig. 29. — Entrée des abeilles. L, porte en tôle galvanisée recourbée en dehors en O, et qui glisse sous la pièce de tôle fixée par deux pitons PP au-dessus de l'entrée qui est figurée en noir.

dehors en O. Cette porte a 270 millimètres de longueur sur 35 millimètres de largeur.

17. Toit de la ruche (fig. 30, 31 et 32). — Le toit est formé de quatre lames de bois recouvertes de tôle galvanisée. Je commence par assembler quatre lames dont deux de 830 millimètres et deux de 440 millimètres de longueur, dont j'ai supprimé les languettes, sans enlever

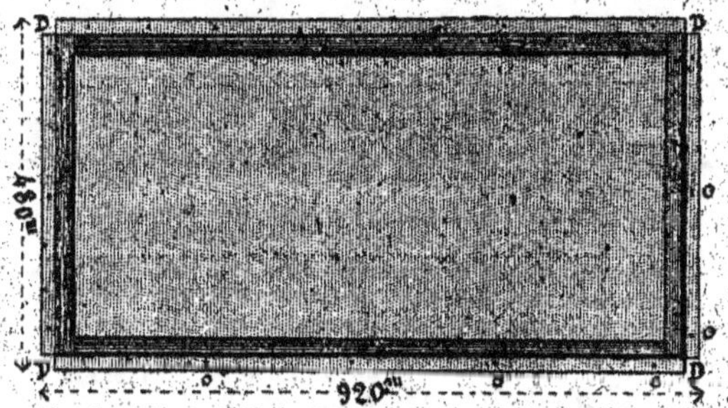

Fig. 30. — Fabrication du toit de la ruche. Assemblage de quatre lames (placées sur champ) posé sur la plaque de tôle (figurée en pointillé) dont on a découpé les coins avec des cisailles, en D,D,D,D, et sur le bord de laquelle on a percé des trous o,o,o,o, etc., avec le poinçon que représente la figure 31.

les rainures (voyez la figure 30). L'assemblage des quatre lames étant fait, il faut y fixer la tôle pour achever le toit.

Je fais couper des morceaux de tôle galvanisée (voyez § 5, 2°) de 480 millimètres de largeur sur 920 millimètres de longueur. Dans une feuille du commerce, on peut en découper quatre, presque sans perte ; les bandes qui restent servent à faire les portes des ruches. Un toit de ruche peut revenir environ à 1 fr. 50.

Je place le morceau de tôle sur un établi, j'y pose au milieu de la feuille les quatre lames assemblées, de façon que le côté des rainures soit appliqué sur la tôle, et à l'aide de cisailles je coupe les quatre coins de la tôle (DDDD, fig. 30). Puis, avec un poinçon que la figure 31 représente en grandeur naturelle, je perce tout autour, à 10 millimètres des bords, quelques petits trous (ooooo, fig. 30); ces trous sont destinés à fixer le morceau de tôle sur le cadre de bois après avoir rabattu les

Fig. 31. — Poinçon pour percer les trous dans la tôle galvanisée (en grandeur naturelle).

bords. Pour percer ces trous, on place la feuille sur un morceau de bois dur, du buis par exemple, ou sur un bloc de plomb, et d'un seul coup de marteau donné sur le poinçon, le trou est percé. Le travail terminé, je place le morceau de tôle sur le bord de l'établi et par dessus je pose l'assemblage C (fig. 32), puis à l'aide de deux fortes traverses PP (fig. 32), je fixe solidement sur la tôle, avec les deux valets VV, les quatre lames

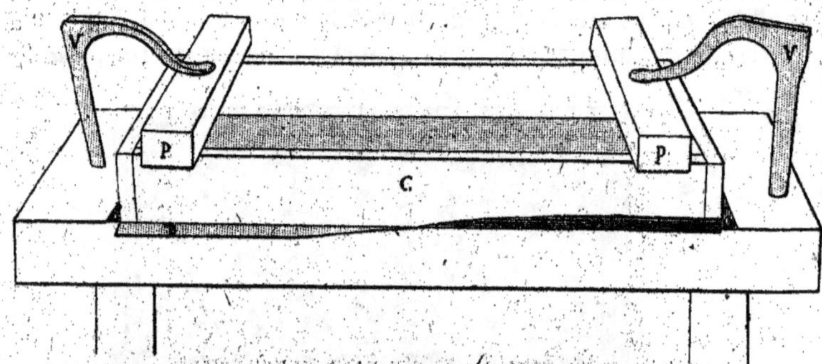

Fig. 32. — Fabrication du toit de la ruche (suite). C assemblage en bois placé sur la tôle ; A, partie du bord de la tôle déjà ployée avec un maillet; B, partie non ployée; PP, pièces de bois qui, à l'aide des valets VV, servent à fixer la pièce C.

assemblées (fig. 32); enfin, avec un petit maillet, je reploie les bords de la tôle tout autour du cadre. On voit en A (fig. 32) une partie des bords de la tôle déjà ployée et en B l'autre partie non encore ployée. Ce travail terminé, je cloue le morceau de tôle tout autour à l'aide de quelques petites pointes placées dans les trous oooo (fig. 30). Sur chacun des deux petits côtés du toit, il est utile de percer un trou d'environ 3 centimètres de diamètre, au milieu. Ces trous seront simplement fermés par une toile métallique. En été comme en hiver, un courant d'air sous le toit, qui s'établit à l'aide de ces deux trous opposés, est toujours favorable.

Le toit est ensuite posé sur le corps de la ruche, et relié à la traverse supérieure par deux fortes charnières que l'on voit dans la figure d'ensemble (fig. 2).

18. Pose des paillassons. — Sur les parois de devant et de derrière de la ruche, je cloue un paillasson (voyez la figure d'ensemble fig. 2), à l'aide des mêmes crochets qui nous ont déjà servi (fig. 11). Je me sers de paillassons semblables à ceux dont les jardiniers se servent pour mettre sur leurs châssis.

Un ouvrier peut fabriquer 30 mètres de longueur de ces paillassons en un jour.

19. Plateau (fig. 33). — Pour faire le plateau, je joins ensemble

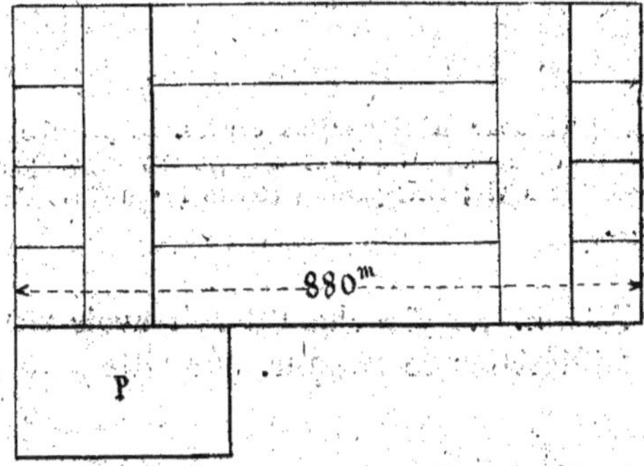

Fig. 33. — Plateau de la ruche vu en dessous, formé par cinq lames reliées par deux traverses et portant la planchette de l'entrée P.

4 lames de 880 millimètres de longueur, que je relie par deux lames servant de traverses, et qui ont 460 millimètres de longueur.

Sur le devant de la ruche et en face de l'entrée des abeilles, je fixe à l'aide de deux ou trois pointes doubles [c'est-à-dire de clous ayant

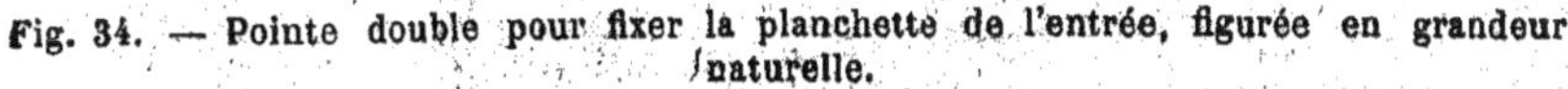

Fig. 34. — Pointe double pour fixer la planchette de l'entrée, figurée en grandeur naturelle.

une pointe à chaque bout (fig. 34)] une planchette pour servir de reposoir aux abeilles à leur arrivée des champs. On voit cette planchette *a* dans la figure d'ensemble.

20. Moule en bois pour fabriquer les cadres (fig. 35). — Pour fabriquer rapidement et exactement les cadres, un moule est indispensable; il est du reste très facile à construire.

Le moule que représente la figure 35 se compose d'une forte planche de 30 à 40 millimètres d'épaisseur, CC, sur les côtés de laquelle sont cloués deux montants MM, destinés à maintenir solidement la plan-

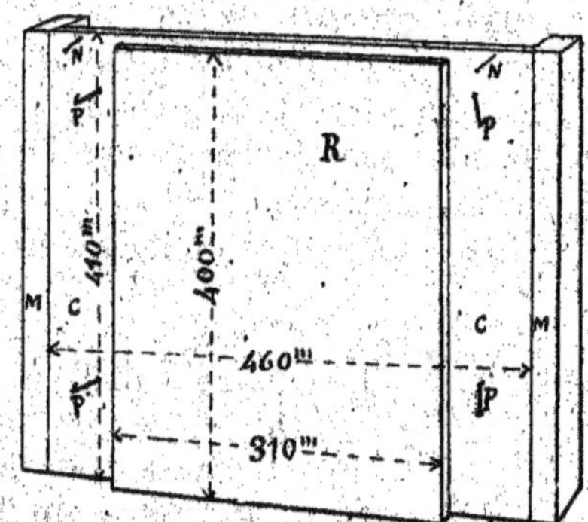

Fig. 35. — Moule en bois pour fabriquer les cadres. R, planche de 25 millimètres d'épaisseur clouée sur la planche CC qui est maintenue verticale par les montants MM ; P,P,P,P, quatre crochets à vis ; NN, pointes contre lesquelles doit butter la traverse supérieure du cadre.

che placée sur l'établi. La planche CC doit avoir 410 millimètres de hauteur sur 460 millimètres de largeur. Sur cette planche, on en cloue

Fig. 36. — Emploi du moule pour fabriquer les cadres. La traverse supérieure du cadre est placée sur le bord supérieur de la planche R et butte sur les pointes NN ; les côtés du cadre à construire sont maintenus sur les côtés de la planche R, par les quatre crochets à vis P,P,P,P, qui appuient sur leur face extérieure.

une seconde R de 25 millimètres d'épaisseur, et qui aura *très exactement* 310 millimètres de largeur sur 400 millimètres de hauteur.

Aux points P, P, P, P, on visse quatre crochets à vis (fig. 37 en grandeur naturelle) qui en tournant sur eux-mêmes viennent serrer les côtés d'un des cadres comme on le voit dans la figure 36.

Sur la partie supérieure de la planche R on place la traverse supé-

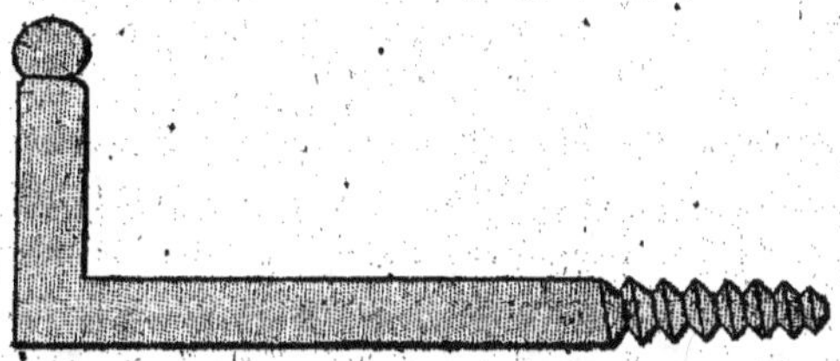

Fig. 37. — Un crochet à vis (P, fig. 35 et 36), en grandeur naturelle.

rieure d'un cadre de manière qu'il déborde également de chaque côté et, à chaque extrémité de la traverse, on enfonce une pointe NN dans la planche R pour marquer la place à donner aux traverses (fig. 35 et 36).

21. Construction d'un cadre. — Un cadre se compose de cinq pièces de trois longueurs différentes (fig. 38) :

Deux longueurs de 400 millimètres pour les côtés (CC, fig. 38);

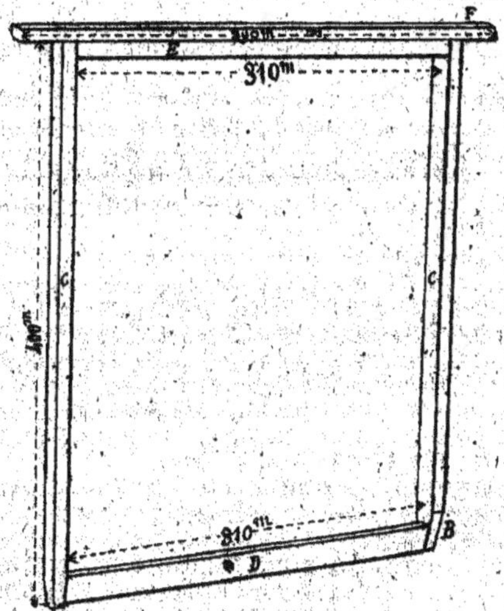

Fig. 38. — Cadre complet. F, traverse supérieure ; E, traverse de renforcement ; C.C, côtés ; D, traverse inférieure ; B, un des quatre biseaux.

Deux longueurs de 310 millimètres pour la traverse du bas D et la traverse de renforcement E ;

Une largeur de 390 millimètres pour la traverse supérieure F.

Après avoir fixé les deux côtés contre la planche R (fig. 36) à l'aide des quatre crochets à vis P, P, P, P, en les faisant tourner de manière à serrer les côtés contre la planche S, je place la traverse supérieure

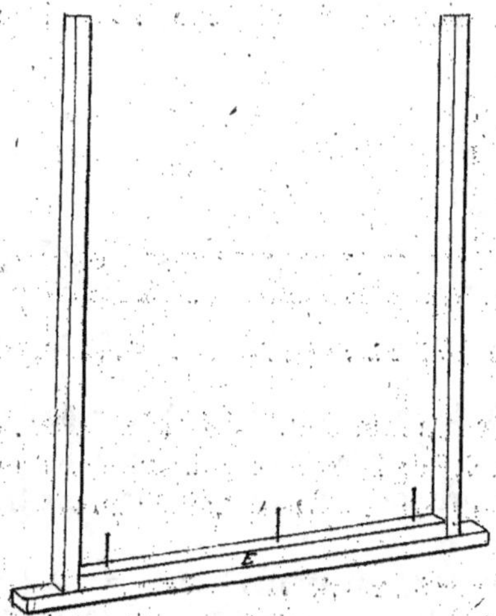

Fig. 39. — Suite de la construction d'un cadre. On cloue la traverse de renforcement E sur la traverse supérieure du cadre qui a été placé à l'envers.

entre les pointes NN; je cloue ensuite cette traverse sur les côtés du cadre à l'aide de quatre pointes; on doit enfoncer les pointes en les inclinant comme l'indique la figure 36 afin d'obtenir plus de solidité.

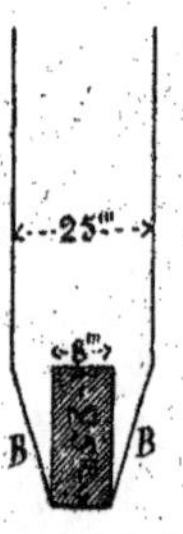

Fig. 40. — Jonction de la traverse inférieure d'un cadre avec un des côtés. La coupe de la traverse inférieure est représentée par des hachures ; B,B, biseaux.

Je retire le cadre du moule, je le retourne sur l'établi et j'y cloue la traverse de renforcement E comme l'indique la figure 39, les trois pointes qui traversent les deux épaisseurs des cadres sont ensuite repliées par derrière avec le marteau. Je cloue ensuite la traverse inférieure D de manière à ce qu'elle soit disposée sur champ (1), comme l'indiquent les figures 38 et 40; pour terminer, à l'aide d'un ciseau ou d'un couteau, je coupe en biseau le bas du cadre en BB (fig. 38 et 40).

Lorsqu'on aura terminé un cadre, il est rare qu'il

(1) La traverse inférieure est placée de champ. Cette disposition est importante pour les raisons suivantes : 1° le cadre est ainsi beaucoup plus solide; 2° on peut, grâce à la disposition de cette traverse, terminer le cadre en biseau, ce qui facilite beaucoup le maniement des cadres entre les crochets ; 3° pendant l'hiver, si les abeilles tombent sur le plateau, l'espace qui existe entre le plateau et les rayons est suffisant pour que les abeilles mortes ne s'y accumulent pas, ce qui permet à l'air de circuler toujours autour du groupe d'abeilles vivantes, ce qui est très important pour un bon hivernage.

ne soit pas plus ou moins gauche. Pour le rendre d'équerre, il suffira de le redresser à la main. Du reste, chaque fois qu'on place un cadre dans une ruche, il est nécessaire de vérifier si ce cadre est bien d'équerre, car, lorsque les abeilles ont construit dans un cadre un peu gauche, il est impossible de le redresser.

22. Planche de partition (fig. 41). — La planche de partition est destinée à diminuer à volonté la grandeur de la ruche ; elle se com-

Fig. 41. — Planche de partition formée de deux planchettes égales A,B reliées par deux charnières ; C,D, morceaux de treillage formant la partie supérieure de la planche de partition.

pose de deux planchettes égales A et B (fig. 41) reliées ensemble par deux petites charnières, l'ensemble de ces deux planchettes est de la largeur intérieure de la ruche, et a 440 millimètres de hauteur. Il en résulte que lorsque la planche de partition est mise à la place d'un cadre, elle laisse au-dessous d'elle un passage de 10 millimètres de hauteur, de telle sorte que les abeilles puissent passer entre le bas de la planche et le plateau.

On cloue au sommet un morceau de latte D de mêmes dimensions que la traverse supérieure des cadres; cette latte est coupée en deux au milieu comme l'indique la figure.

23. Lattes entre les cadres. — Entre les cadres, à la partie supérieure, on place simplement des lattes sur champ de la même longueur que les traverses supérieures des cadres. La figure 42 montre quelle est cette disposition ; on voit en place un fragment d'une des lattes L entre les traverses *t* et *t'* de deux cadres. Comme on met des lattes aux deux extrémités, il faut 22 lattes pour une ruche.

Par-dessus ces lattes, on met, comme on l'a dit plus haut, un paillasson ou une vieille couverture de laine.

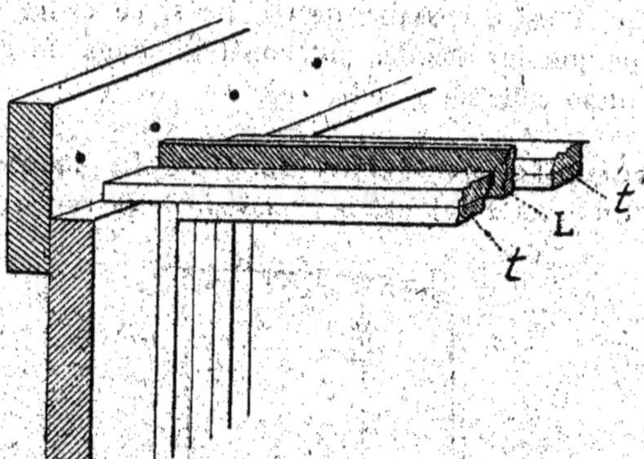

Fig. 42. — Figure montrant la position des lattes placées entre les cadres. — *t,t'*, traverses supérieures de deux cadres en place; L, latte figurée en hachures, placée de champ, entre les cadres.

J'ai essayé la toile cirée pour recouvrir les ruches, les V en fer, les planchettes, etc.; je préfère les lattes dont on vient de parler. Les lattes permettent de ne découvrir que peu de rayons à la fois et empêchent les abeilles de construire entre les traverses supérieures des cadres.

24. Perfectionnement pour diminuer la propolisation des cadres. — On peut adopter un perfectionnement

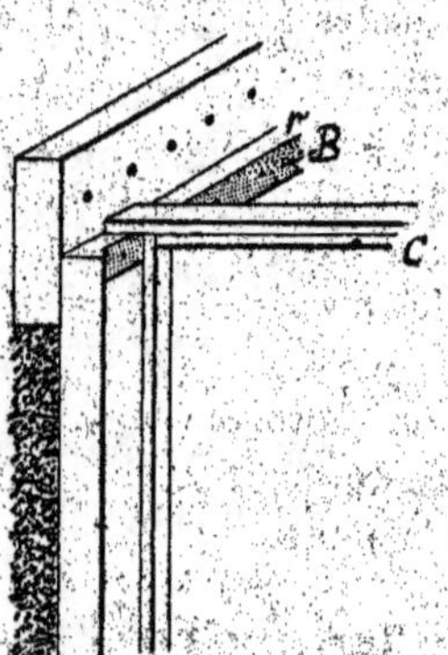

Fig. 43. — Bande de zinc placée à l'intérieur de la ruche. — C, cadre en place; B, bande de zinc clouée au-dessous du rebord intérieur *r* pour diminuer la propolisation.

qui, du reste, n'est pas essentiel; il consiste en la pose de deux bandes de zinc (B, fig. 43), l'une à l'intérieur du rebord R du devant de la ruche, l'autre à l'intérieur du rebord du derrière de la ruche. Chacune de ces bandes de zinc dépasse le rebord de 3 millimètres de façon à élever le cadre de cette hauteur au-dessus du rebord. Ces bandes de zinc ont pour effet de diminuer la propolisation des cadres qui reposent alors directement sur le zinc.

25. Mise en place de la ruche construite. — La ruche se trouve maintenant complètement construite. On place le corps de la ruche sur le plateau de manière à ce que le plateau déborde seulement en avant.

La ruche est alors telle que la représente la figure 44. Elle est placée,

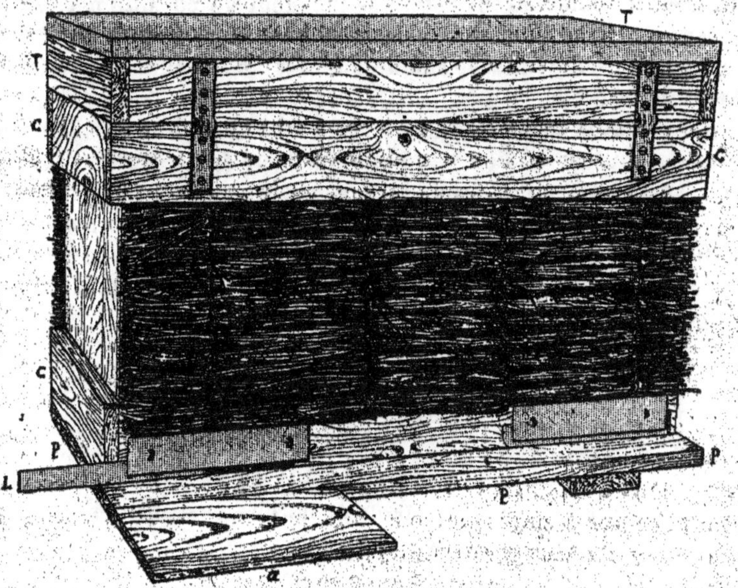

Fig. 44. — Ruche Layens construite.

suivant le goût de l'apiculteur, soit sur des bancs, soit sur des tabourets, des briques ou autres supports.

26. Ruche Layens modifiée pour le cadre national 33 c. × 33 c. — J'ai dit plus haut que l'on peut facilement appliquer ce système de construction à toute espèce de ruche. Je vais le montrer en prenant un exemple.

Dans le but d'unifier les dimensions des cadres, dont il existe à ma connaissance au moins 127 modèles différents, on a proposé de construire une ruche à cadres carrés ayant intérieurement 33 c. × 33 c.

Cette ruche qualifiée de ruche nationale (pourquoi pas internationale ?) peut sembler, au premier abord, tout autre que la précédente. En réalité, elle en diffère très peu et les dimensions de son cadre sont très bonnes.

Pour construire cette ruche, on s'y prendrait de la manière suivante :

Les côtés de la ruche sont construits avec des lames de parquet de 105 millimètres de largeur ; quatre lames de 380 millimètres de longueur au lieu de 420, réunies pour faire un côté, auront une largeur totale de 365 millimètres. Le guide *A* (voyez § 8, 1°) aura 20 millimètres de plus en largeur intérieure. Les traverses supérieures et inférieures des côtés auront aussi une longueur de 20 millimètres en plus, c'est-à-dire 413 millimètres. Elles seront faites, comme dans la ruche précédente, en lames de 115 millimètres de largeur ainsi que tout le reste de la ruche.

Le devant et le derrière de la ruche n'auront plus que 380 millimètres de hauteur au lieu de 420 millimètres. Les traverses latérales du toit auront 460 millimètres de largeur au lieu de 420 millimètres.

Quant aux cadres, ils seront formés d'une traverse supérieure de 410 millimètres, d'une traverse de renforcement et d'une traverse inférieure, chacune de 330 millimètres de longueur, et de côtés qui auront 365 millimètres de longueur.

V. — Établissement du prix d'une ruche.

27. Prix de revient d'une ruche. — Le tableau suivant donne le temps à employer pour construire chacune des pièces de la ruche et résume les opérations à faire.

Résumé de la construction d'une ruche.

1° Sciage de toutes les longueurs de lames nécessaires à la ruche (à l'aide des calibres et du guide C ou boîte à onglet).. 40 minutes.

2° Assemblage des deux côtés de la ruche (au moyen du guide A).. 30 —

3° Pose des crochets (à l'aide du guide B) et suppression d'une rainure.. 20 —

4° Assemblage du devant et du derrière de la ruche et montage du corps de la ruche.. 45 —

5° Pose des pointes de tapissier (au moyen du guide D). 15 —

6° Entailles pour les entrées.. 15 —

7° Pose et coupe des portes et de leurs plaques.... 30 —

8° Assemblage des quatre lames de bois du toit avec suppression des languettes.. 20 —

A reporter.. 215 minutes.

		Report....................................	215 minutes.
9°	Pose de la tôle galvanisée du toit................	25	—
10°	Fabrication de la planche de partition...........	30	—
11°	Sciage et clouage des 20 cadres et coupe des 22 lattes servant à fermer les intervalles supérieurs des cadres................................	110	—
12°	Fabrication du plateau......................	20	—
13°	Pose des paillassons sur le devant et le derrière de la ruche.............................	20	—
	Total..........	420 minutes.

On voit donc qu'il suffit d'environ *sept heures* pour construire soi-même la ruche par le système que j'ai indiqué. Ce temps serait moindre si l'on construisait par exemple dix ruches à la fois et si l'on faisait scier les pièces mécaniquement.

Si l'on adopte les perfectionnements qui consistent à mettre des charnières au toit et des bandes de zinc pour atténuer la propolisation, il faut compter 50 minutes en plus.

Il est facile maintenant d'établir le prix que coûtera la ruche, fabriquée par un menuisier.

Prix de revient de la ruche construite par un menuisier.

Bois en lames de parquet...................................	4 fr.	00
Paillassons...	0	50
Tôle galvanisée pour le toit................................	1	50
Crochets, plaques, portes, pointes.........................	0	70
Bois pour les cadres, les lattes et la planche de partition..	2	20
Temps employé, à 0 fr. 40 l'heure.........................	2	80
Total......................	11 fr.	70

Prix de revient de la ruche construite par l'apiculteur.

Bois en lames de parquet...................................	4 fr.	00
Paillassons...	0	50
Tôle galvanisée pour le toit................................	1	50
Crochets, plaques, portes, pointes.........................	0	70
Bois pour les cadres, les lattes et la planche de partition.	2	20
Total......................	8 fr.	90

Une ruche à cadre du modèle le plus grand, à vingt cadres, reviendra donc à *moins de douze francs*, en la faisant construire par un ouvrier et *à moins de neuf francs* en la construisant soi-même.

Dans le cas où l'on adopterait le perfectionnement des charnières et des bandes de zinc intérieures, qui ne sont pas des pièces nécessaires, il faudrait ajouter 4 fr. 20 de plus, y compris le temps de la pose.

28. Comparaison du prix des ruches suivant leur capacité. — On voit souvent, dans les catalogues, des ruches à cadres vendues à un prix peu élevé ; mais il ne faut pas oublier que ces ruches sont alors de faible capacité, ont de petits cadres ou sont en bois moins épais, autant de conditions défectueuses pour la direction des abeilles.

Pour évaluer le prix des ruches il est donc essentiel de faire la comparaison pour des ruches d'égale capacité et ayant du bois de même épaisseur et de même qualité.

La ruche que nous venons de construire économiquement n'est pas une ruche destinée aux amateurs qui veulent s'amuser à observer les abeilles sans se soucier du miel récolté ; c'est une ruche à l'usage du cultivateur et de l'apiculteur industriel qui cherchent par les moyens pratiques à obtenir le plus de miel au meilleur marché possible.

Je ne crois pas qu'en compliquant à plaisir les manipulations et en embellissant sans utilité les outils apicoles et les ruches, on rende grand service à la culture des abeilles. C'est, au contraire, en joignant un matériel simplifié à la simplicité des méthodes qu'on assurera aux ruches à cadres la place qu'elles méritent à juste titre. C'est en mettant à la portée de tous l'outillage qu'exige la nouvelle culture qu'on hâtera la diffusion de l'apiculture moderne.

TABLE DES MATIÈRES

7913-90. — CORBEIL. IMPRIMERIE CRÉTÉ.

Lucien ROBERT-Fils

A ROZIÈRES (Somme)

FABRIQUE DE RAYONS GAUFRÉS & D'ARTICLES D'APICULTURE

MÉDAILLE D'OR — 12 Médailles d'Argent. — 2 Médailles de 1re Classe — Deux Premiers Prix aux Expositions d'Apiculture et d'Industrie.

Ruche économique Layens, à 20 cadres, conforme au modèle construit dans cette brochure (voyez la figure 44, p. 27). Prix : une ruche, **16 fr. 50**, par six ruches, **16 fr.** l'une ; par douze ruches. **15 fr. 50.**

Ruche Layens appliquée au cadre national 33 c. $\times$ 33 c. — (Voir le § 26 de cette brochure). Mêmes prix que la précédente.

Sections américaines, pour le miel en rayon, pouvant se placer sous le toit des ruches précédentes ; le cent : **4 fr. 50.**

Rayons gaufrés, pour les cadres des ruches précédentes ; en port dû, de 5 à 9 kilog , à **4 fr. 50** le kilog. — 1 kilog. par colis postal, **5 fr. 75.**

Pour plus de détails demander le catalogue général qui sera envoyé franco.

Librairie Paul DUPONT, 4, rue du Bouloi, PARIS.

ÉLÉMENTS USUELS

DE

SCIENCES PHYSIQUES ET NATURELLES

POUR L'ENSEIGNEMENT PRIMAIRE

D'APRÈS LES NOUVEAUX PROGRAMMES DU 27 JUILLET 1882

PAR MM.

GASTON BONNIER	AD. SEIGNETTE
Professeur à la Sorbonne.	Directeur du *Journal des Instituteurs*

(Ouvrages adoptés pour les Ecoles primaires de la Ville de Paris)

Cours élémentaire (*Premières lectures et premières leçons de choses*) 1 vol. in-12, avec résumés, 120 gravures sur bois, 12e édition. Prix, cartonné . . . . . . **0 fr. 80**

Cours moyen. 1 vol. in-12, avec 250 figures, questionnaires, résumés, devoirs à faire, expériences, 18e édition. . . . . **1 fr. 25**

Cours supérieur (*Physique, Chimie, Hygiène, Botanique, Zoologie, et Géologie*). 1 vol. in-12, avec 420 figures, etc., 17e édition. . . . . **1 fr. 75**

Vingt leçons de choses, combustibles, métaux, matériaux de construction, etc., 130 figures. . . . . **1 fr. 25**